Bibliographic information published by the German National Library:

The German National Library lists this publication in the National Bibliography; detailed bibliographic data are available on the Internet at http://dnb.dnb.de .

Imprint:

Print and binding: Books on Demand GmbH, Norderstedt Germany
ISBN: 978-3-668-14629-7

This book at GRIN:

http://www.grin.com/es/e-book/315319/efectos-adversos-y-beneficiosos-de-los-antinutrientes-en-plantas-utilizadas

Ervelio Olazabal

Efectos Adversos y Beneficiosos de los Antinutrientes, en Plantas Utilizadas como Alimentos

GRIN Publishing

Efectos Adversos y Beneficiosos de los Antinutrientes, en Plantas Utilizadas como Alimentos.

Autor: Ervelio Eliseo Olazabal Manso

Resumen

La mayoría de los vegetales utilizados como alimentos tienen nutrientes beneficiosos para el organismo, pero algunos de ellos son portadores de antinutrientes que pueden dañar la salud. Conocer cuáles son estos antinutrientes, que fuentes vegetales los tienen, que efectos adversos producen en el organismo, como inactivarlos o disminuirlos y si pueden ser beneficiosos para la prevención o el tratamiento de algunas enfermedades, es una premisa para seleccionar aquellos de consumo más frecuente y aplicar métodos correctos de desactivación de estos antinutrientes. En esta revisión se analizaron las investigaciones realizadas hasta el presente, de las sustancias que actúan sobre la asimilación de los principales nutrientes del organismo como son las proteínas, carbohidratos, grasas, minerales y vitaminas; así como los efectos adversos y beneficiosos que los mismos pueden ocasionar en los humanos y animales. Se especificaron las fuentes vegetales de estos antinutrientes, se señalaron los efectos adversos que producen y se ejemplificaron los beneficios que tiene la utilización de los mismos para la prevención o el tratamiento de diferentes enfermedades en los humanos, animales y plantas. Este artículo al mismo tiempo que permite actualizar los conocimientos en esta temática para enfrentar el consumo de los vegetales con antinutrientes, de forma adecuada; también aporta una perspectiva para utilizarlos en investigaciones beneficiosas, en el campo agronómico, nutricional o terapéutico.

Palabras claves: antinutrientes polivalentes, inhibidores enzimáticos, antiminerales, antivitaminas.

Abstract

Most plants used as foods have beneficial nutrients for the body, but some of them are carriers of anti-nutrients that can harm health. Knowing what these anti-nutrients that the plant sources have, adverse effects occur in the body, as inactivate or reduce them and if they can be beneficial for the prevention or treatment of some diseases, it is a premise to select those most frequently consumed are and apply correct methods of deactivation of these anti-nutrients. In this review the research conducted to date, substances that act on the assimilation of the main nutrients the body such as proteins, carbohydrates, fats, minerals and vitamins were analyzed; and adverse and beneficial effects that they can cause in humans and animals. Plant sources of these antinutrients were specified, the side effects occur and the benefits that the use thereof for the prevention or treatment of various diseases in humans, animals and plants were identified exemplified. This article while allowing update knowledge in this field to meet the consumption of vegetables with anti-nutrients, as appropriate; also it provides an outlook for beneficial use in research, agronomic, nutritional or therapeutic field.

Keywords: polyvalent antinutrients, enzyme inhibitors, antimineral, antivitamins.

CONTENIDO

1. Introducción.

La mayoría de los vegetales comestibles son inocuos, pero algunos de ellos tienen sustancias tóxicas que pueden dañar la salud de quienes los consumen. Conocer que sustancias tienen los vegetales que pueden perjudicar la salud es importante porque así podemos cuidarnos y seleccionar aquellos para consumo más frecuente que no produzcan efectos adversos a corto o largo plazo. Generalmente, la mayoría de los consumidores piensan que los vegetales solo nos producen beneficios cuando los consumimos, pero no siempre es así.

Entre las sustancias que pueden dañar la salud de quienes consumen productos alimenticios, se encuentran los antinutrientes. Un antinutriente, puede definirse como una sustancia que por ella misma o a través de sus metabolitos generados en el organismo , interfieren en la utilización de los alimentos, pudiendo afectar la salud de los consumidores (57).

Estas sustancias en la mayoría de los casos se encuentran en los vegetales, más que en los productos de origen animal. Debido a ello, el hábito de comer ciertos vegetales con mucha frecuencia, puede contribuir a la aparición de efectos adversos. También se debe destacar que en los países subdesarrollados con carencia de fuentes alimenticias estables y en volúmenes que satisfagan las necesidades de la población, obliga a estos países a buscar fuentes alimenticias nuevas que permitan cumplir las expectativas de la alimentación y la salud, por lo que la presencia de antinutrientes sigue siendo una expectativa válida y un aspecto a considerar en estos alimentos obtenidos por vía tradicional o biotecnológica.

Aunque estos antinutrientes tienen efectos perjudiciales para el organismo, el procesamiento de los alimentos por calor, el remojado y lavado, disminuye la presencia de los mismos (9). También, la germinación se considera un proceso eficaz para mejorar la calidad nutricional y la funcionalidad de los cereales, al mismo tiempo que disminuye el ácido fítico, y la actividad del inhibidor de tripsina (100).

La mayoría de las sustancias antinutricionales pueden ser inactivadas con el calor, pero se conocen algunas de ellas que son termoestables, como las del *Amaranthus hypochondriacus* que se inactivan muy poco a 100 °C, durante 7 horas (39) o la de *Opuntia streptacantha* Lemaire que fue estable a 120 oC durante una hora con una presión de 1 kg/cm^2 (87) y algunas especies del género *Erythrina* (84).

Los antinutrientes, también se han utilizado para producir efectos beneficiosos en la prevención y el control de enfermedades, tanto del hombre como de las plantas. Por ejemplo, se ha recomendado el uso de plantas que tienen sustancias antiglucosa para controlar el nivel de glucosa en sangre y la prevención de la diabetes tipo II (2).

Según la literatura consultada sobre este tema, los antinutrientes suelen clasificarse de diferentes formas, pero nosotros utilizaremos la referida por Camean y Reppetto (16) porque nos parece la más adecuada, al incluir los cuatro grupos más importantes, de acuerdo con la acción específica de estas sustancias. Ellos son: inhibidores de enzimas, antiminerales, antivitaminas y antinutrientes polivalentes. Los que describiremos a continuación, en una revisión lo más actualizada posible sobre este tema.

2. Sustancias antinutricionales y fuentes naturales principales.

Son muchas las fuentes de sustancias antinutricionales que están presentes en casi todos los alimentos que utiliza el hombre. Las mismas inactivan o impiden la absorción de las proteínas, carbohidratos, grasas, vitaminas y minerales. Las principales sustancias antinutricionales, sus fuentes y los efectos beneficiosos que se han reportado en cada una de ellas, las presentamos a continuación (Tabla No. 1).

Tabla No. 1. Sustancias antinutricionales en las principales fuentes naturales y efectos beneficiosos reportados.

Sustancias antinutricionales	A	B	C	D	E	F	G	H	I	EB	Ref
Proteasas		x	x	x						J,K,L,M	7,20,22,54,64
Amilasas		x		x						J,K,L,M	14,35,37,75,78
Glucósidos cianogénicos (cianuro)		x	x	x	x					Ñ	26,69,80,95
Glucosinolatos (mirosinasa – tiocianatos, isotiocianatos, nitrilos))			x	x						Ñ	1,62,79
Acido oxálico						x	x		x	J	44,65,73
Antitiamina (tiaminasa II, taninos, ácido cafeico, clorogénico, metilsinapato)		x	x		x	x	x			S	47,98
Antipiridoxina (agaritina, giromitrina)		x									61
Antibiotina (avidina)								x			32
Antivitamina B12											42
Antivitamina A (lipoxidasa, citral, taninos)		x	x		x	x	x		x		5,34,41,86
Acido ascórbico oxidasa			x		x						45,74
Antivitamina D (b-caroteno)			x								60
Antivitamina K(cumarina)				x						L,Ñ,O,P,Q , R	8,94,27,51
Acido fítico		x	x		x						36
Gosipol (polifenol)	x									Ñ	43,66,90
Lectinas				x						J,Ñ	23,29,56,68
Taninos (polifenoles) hidrolizados y condensados		x	x		x	x	x		x	M,ÑS,T,O	25,46,49,52,53, 67,103

A= Semilla de algodón, B = cereales, C = hortalizas, D = leguminosas, E = frutas, F = té, G = café, H = clara de huevo, I = chocolate, J = resistencia de la planta a enfermedades, K = sustancia antiobesidad, L = antihipertensivo, M = antidiabético, Ñ = anticancerígeno, O = antinflamatorio, P = analgésico, Q = antiosteoporosis, R = anti VIH, S = Antimicrobiano, T= Antioxidante, EB = efecto beneficioso, Ref = referencias.

Sin embargo, al analizar los efectos perjudiciales y beneficiosos de los antinutrientes en los alimentos, existe la evidencia de un grupo de efectos beneficiosos que los mismos aportan al organismo. Por otra parte, si consideramos también que estos antinutrientes son inactivados en su gran mayoría por las enzimas digestivas, el procesamiento por calor de los alimentos y el remojado de los mismos. No es tan perjudicial su ingestión en los alimentos consumidos, si se disminuye previamente por los mencionados procesos, las cantidades tóxicas presentes en los alimentos utilizados por el hombre. Debido, a que las dosis terapéuticas siempre son inferiores a las dosis tóxicas de los mismos (16).

3. Inhibidores de enzimas.

Los inhibidores de enzimas que tienen las plantas, pueden actuar sobre diferentes enzimas del organismo inactivándolas e impidiendo la acción de las mismas, en el proceso nutricional del organismo. Aunque existen diferentes tipos de inhibidores de enzimas, desde el punto de vista de su importancia en la nutrición, las que inhiben las proteasas y amilasas se les considera de mayor interés (35).

El interés por el estudio de los inhibidores enzimáticos, se ha manifestado en el uso de estas sustancias para aumentar las defensas de las plantas ante enfermedades importantes. Para introducir estas sustancias en las plantas se ha utilizado la biotecnología, siendo actualmente una línea de trabajo prometedora para el control de las enfermedades en las plantas (22).

Los granos de trigo acumulan una variedad de proteínas de bajo peso molecular que son inhibidores de alfa-amilasas y proteasas, y juegan un importante papel protector en el grano. Estas proteínas tienen composiciones de aminoácidos más equilibradas que las principales proteínas del gluten de trigo y constituyen reservas importantes para el crecimiento de las plántulas y la nutrición humana. Los inhibidores de la alfa-amilasa/proteasa, también son de interés debido a que causan alergias mediadas por IgE como intoxicaciones ocupacionales y de los alimentos, y por lo tanto, afecta la salud humana (6).

3.1. Inhibidores de proteasas.

Los inhibidores de proteasas son varias clases de proteínas de plantas, que limitan la utilización de proteínas vegetales procedentes del campo en la dieta humana y animal; pero los alimentos vegetales tienen mucho que ofrecer a la intensificación sostenible de alimentos, la producción de piensos y para la salud humana. La reducción o eliminación de estas proteínas podrían mejorar en gran medida la calidad de la proteína procedente de la semilla y diversas estrategias se han utilizado para tratar de lograr esto con un éxito limitado hasta el presente (19).

Por ejemplo, la soya contiene componentes que tienen propiedades antinutricionales y bioactivos. La hidrólisis enzimática y la germinación puede mejorar la actividad biológica de estos compuestos en la soya. Se recomienda 18 h de germinación y 3 h de hidrólisis para eliminar las sustancias antinutricionales. La alcalasa provoca la eliminación de inhibidores de la proteasa, mientras que los bioactivos son mantenidos por al menos 50% de sus concentraciones originales (24).

Entre los inhibidores de proteasas más estudiados, se encuentran los inhibidores de tripsina y de la soya en particular. Esto debido principalmente, a la importancia de este grano en la alimentación humana y animal. Las investigaciones específicas de estos compuestos son complejas, debido a que en la mayoría de los casos no se trata de un compuesto simple, sino como ocurre en casi todas las acciones específicas de los extractos de plantas, es un complejo de sustancias químicas que pueden actuar por sinergia o individualmente; teniendo cada uno de ellos propiedades físico químicas diferentes (10).

Se debe señalar, que estos antinutrientes se degradan con el calor durante el procesamiento de los alimentos por el hombre, debido a ello su importancia en la salud humana, es mucho menor que en los animales. Como los granos siempre reciben tratamiento térmico antes de consumirlos no tienen tanto significado como los vegetales, que por costumbres alimenticias se pueden consumir crudos.

Un ejemplo de fuentes vegetales que tienen antiproteasas son: soya, frijol, avena, arroz, cacahuete, garbanzo, guisante, haba, judía, patata, maíz y remolacha roja (20,22).

Los efectos adversos que pueden ocasionar, se manifiestan en: retraso en el crecimiento, debido al bajo aprovechamiento de las proteínas (eficacia proteica) (40). También produce hiperplasia reversible del páncreas en los animales, pero en el hombre tiene poco efecto (47).

Como efectos beneficiosos se puede señalar las investigaciones realizadas con el borer del café y una proteasa natural introducida en esta planta, por manipulación genética para crear resistencia de la planta a esta enfermedad (7).

Se ha demostrado ampliamente que los compuestos pertenecientes a varias clases de productos naturales tales como alcaloides, glucósidos, carotenoides, polifenoles, polisacáridos, saponinas y terpenos pueden utilizarse como anti-obesidad para incorporarlos en la dieta de rutina (54).

Los péptidos de proteínas comunes de frijol presentan actividades biológicas potenciales, relacionadas con el control de la hipertensión y la diabetes tipo II (64).

3.2. Inhibidores de amilasas.

Los inhibidores de amilasas de las plantas pueden ser inactivados por enzimas proteolíticas del sistema digestivo humano, además del calor. Por lo tanto, su efecto antinutricional en el humano no parece ser significativo.

Las principales fuentes vegetales que tienen estas sustancias son: judías blancas, trigo, centeno, lentejas, garbanzo, patata y cúrcuma (14, 37,76).

Un efecto beneficioso, es la elaboración de medicamentos anti obesidad a partir de ellos, pero su efecto ha sido muy bajo, debido probablemente a la acción de las enzimas digestivas del organismo sobre esta sustancia. También se ha estudiado su acción protectora contra insectos. Utilizando la biotecnología se han obtenido plantas de café *Coffea arabica* inoculadas con el inhibidor-1 gen alfa-amilasa (alfa-EA1) de la haba común, *Phaseolus vulgaris*, confiriéndole propiedades de resistencia a la planta, frente la broca del café (*Hypothenemus hampei*) (7).

El inhibidor de amilasa obtenida de *Phaseolus vulgaris,* se encontró que era eficaz contra las alfa-amilasas extraídas de larvas de *Callosobruchus chinensis*, *Tribolium castaneum* y la enzima intestinal de *Spodoptera littoralis.* También, se ha utilizado para desarrollar plantas transgénicas resistentes a las larvas de *Tribolium castaneum* (35).

La actividad inhibidora enzimática de los cereales contra las enzimas digestivas, como la alfa-amilasa de la saliva humana y páncreas porcino, y tripsina de páncreas bovino, fueron estudiados como componentes potenciales de nutracéuticos para el tratamiento de la diabetes y la obesidad (75).

Estudios realizados con diferentes variedades de leguminosas, para determinar el efecto de las sustancias antiamilasas, sobre la presión arterial, dió como resultado un efecto beneficioso en la reducción de la misma (78).

4. Antiminerales.

Los antiminerales ejercen su acción, principalmente, impidiendo la absorción de minerales en el organismo. Entre los más importantes están los bociogénicos, ácido oxálico y ácido fítico, aunque este último se clasifica como un agente polivalente, pero su acción principal es como antimineral.

4.1. Agentes bociogénicos.

4.1.1 Glucosinolatos.

Estos antinutrientes se asocian a la presencia de tioglucósidos como los glucosinolatos en las plantas consumidas, principalmente del género *Brassica.* Los tioglucósidos se descomponen en el organismo y forman isotiocianato, tiocianato, nitrilo y azufre, por acción de la enzima mirosinasa que está acompañando a los tioglucídos procedentes de las plantas. Los nitrilos parecen ser los compuestos más tóxicos formados. La acción de estas sustancias se debe a que interfieren con la disponibilidad de iodo para la glándula tiroidea, debido a que pueden inhibir competitivamente el transporte activo del iodo a nivel de la glándula tiroidea y otros tejidos; lo que trae como consecuencia que aumente la eliminación renal del iodo (11,13).

Las fuentes vegetales que los contienen pertenecen a 15 familias (*Akaniaceae, Bataceae, Brassicaceae, Bretschneideraceae, Capparaceae, Caricaceae, Gyrostemonaceae, Koeberliniaceae, Limnanthaceae, Moringaceae, Pentadiplandraceae, Resedaceae, Salvadoraceae, Tovariaceae y Tropaeolaceae*) y el género Drypetes, tradicionalmente colocados en *Euphorbiaceae*. Entre ellos la coliflor, col de Bruselas, brócoli, nabo, lombarda, repollo, berza, la semilla de mostaza, calabaza, rábano y colza (79).

El efecto adverso principal producido por estas sustancias es la hipertrofia del tiroides (88).

Como efecto beneficioso los isotiocianatos se han utilizado para el tratamiento del cáncer de la vesícula y la próstata, induciendo apoptosis (1,62).

La mirosinasa de la col es destruida por las temperaturas superiores a 70 °C durante 30 minutos (97).

4.1.2. Glucósidos cianogénicos.

El mecanismo de acción se produce en el proceso de masticación cuando las enzimas del organismo entran en contacto con el glucósido o las bacterias intestinales y ocurre la cianogénesis. Esta se produce por unión del grupo CN al Fe^{3+} de la citocromoxidasa de la cadena respiratoria mitocondrial, interfiriendo con la respiración celular. El cianuro cuando es absorbido en el tracto gastrointestinal, se convierte en tiocianato en el proceso de detoxificación, impidiendo el transporte activo del iodo al tiroides, produciendo bocio. El cianuro está presente en forma natural en algunos alimentos como las almendras, las nueces, las castañas, la parte interna de los huesos de frutas como los melocotones, las ciruelas, los albaricoques, entre otros, el cazabe, la raíz de yuca y las semillas de muchas otras frutas como la manzana, las peras o la uva (26).

Se encontró que los productos de yuca, obtenidos en dos grandes ciudades de Australia, Melbourne y Canberra, analizando el contenido de cianuro total por el método de picrato, presentaron un valor medio de 91 equivalentes mg de HCN / kg peso fresco = ppm, en Camberra y en Melbourne de 262 ppm. Valores considerados como preocupantes si consideramos que la normas de Australia y Nueva Zelanda señalan un máximo de 10 ppm en los alimentos (15).

Las fuentes vegetales que los contienen son: Anacardo (*Anacardium* L.), frijoles rojos (*Vigna aguiculata* L.), semillas de Baobab (*Adanosiadigitata* L.), frijol de soja (Glycine max L.), chufa (*Cyperus esculentus* L.), nuez blanca bambara (*Vigna substerranea* L.), cacahuete Kampala (*Arachis hypogaea* L.), frijol blanco (*Vigna aguiculata* L.), sorgo (*Sorghum bicolor* L.), maíz (*Zea mays* L.) y berro (*Nasturtium officinale*) (18,69,93).

Los efectos adversos que se manifiestan en la intoxicación aguda son: confusión mental, dolor al respirar y parálisis muscular; mientras que en la intoxicación crónica se manifiesta neuropatía atáxica, atrofia óptica, ataxia, desórdenes mentales, ambliopía tropical y atrofia del nervio óptico que conduce a ceguera (17).

Se ha planteado que los glucosinalatos mejoran la excreción de los carcinógenos (80) e inducen apoptosis en las células del cáncer de colon (95).

4.2. Ácido oxálico.

La acción principal del ácido oxálico está dada porque interfiere con la asimilación del calcio en el organismo. Generalmente el oxalato se encuentra en los vegetales, en forma libre o de sales de sodio, potasio y calcio. Se ha planteado que los alimentos que contengan una relación ácido oxálico/calcio superior a 1 afecta la disponibilidad del calcio en el organismo y una relación mayor de 2,25 debe ser considerada descalcificante (70,92).

Las principales fuentes vegetales que los contienen son: ruibarbo, espinaca, remolacha, cacao, café y té (65,73).

Los síntomas que se manifiestan son: en la intoxicación aguda se produce gastroenteritis corrosiva, convulsiones, disminución del nivel de calcio en el plasma y aumento de oxalatos, así como daño renal. En la ingestión prolongada puede producirse formación de cálculos renales (48).

Entre los efectos beneficiosos se ha sugerido que el ácido oxálico juega dos papeles distintos en las plantas frente a la infección por hongos, dependiendo de la concentración: una alta concentración de ácido oxálico induce una gran muerte celular programada y luego contribuye a la progresión de los hongos. Sin embargo, a una concentración baja es capaz de inducir el establecimiento de una resistencia de la planta contra los hongos (44).

El procesamiento de los alimentos empleando el lavado y la cocción, disminuyen los contenidos de oxalatos en los vegetales (70).

5. Antivitaminas.

Los compuestos antivitaminas son sustancias que poseen una estructura análoga o que modifiquen la estructura de las vitaminas, inactivándolas o disminuyendo su acción. Se ha propuesto dividir estas en dos grupos, las que tienen estructuras análogas y las que modifican la estructura de las vitaminas o forman un complejo con ellas. También, se incluye dentro de las antivitaminas aquellas sustancias que aumentan las demandas de estas por el organismo. Las antivitaminas representan una amplia clase de compuestos que neutralizan los efectos esenciales de las vitaminas. Los síntomas activados por estos factores antinutricionales se parecen a los de la avitaminosis, pero puede revertirse el efecto con éxito, tratando a los pacientes con la vitamina intacta. A pesar de ser indeseable para los organismos saludables, las toxicidades de estos compuestos presentan un interés considerable, para propósitos biológicos y medicinales. De hecho, las antivitaminas han jugado papeles fundamentales, en el desarrollo de antibióticos pioneros y drogas antiproliferativas, como el prontosil y aminopterin. Su desarrollo y optimización fue hecho posible por el estudio, a lo largo del siglo 20, de las funciones de las vitaminas y antivitaminas en los procesos metabólicos. Sin embargo, incluso con este conocimiento completo, están limitadas todavía hoy día, las drogas antivitaminas en el mercado, basadas en antagonistas de vitaminas B9 y K. Por todo ello, el campo de las antivitaminas todavía necesita ser explorado más intensamente, en vista del éxito terapéutico excelente, exhibido por varios medicamentos basados en antivitaminas (47,98).

5.1. Antitiamina.

Estas sustancias pueden ser una enzima como la tiaminasa II, los taninos, o derivados orto-catecol (ácido cafeico, clorogénico y el metilsinapato (81).

Las fuentes vegetales de esta sustancia son: remolacha, coles de Bruselas, calabaza roja, té, café, helechos, arroz y cerezas (5).

Los efectos adversos que se presentan por su deficiencia son: anorexia, fatiga, debilidad muscular, beriberi, depresión, neurodegeneración y muerte (31,85,99).

La carencia de tiamina se ha asociado con la enfermedad de Parkinson (55).

Diferentes estudios han demostrado que las enfermedades críticas en el adulto y niños, están caracterizadas por una carencia absoluta o relativa de tiamina, la cual está asociada con un 50% de incremento de la mortalidad. La deficiencia de tiamina debe ser esperada en diferentes escenarios clínicos como sepsis severa, quemaduras, fallas cardíacas inexplicables, acidosis láctica, desórdenes neurológicos en pacientes con historia previa de alcoholismo, inanición, malnutrición crónica, alimentación parenteral por largos períodos, hiperémesis, gravidez y cirugía bariátrica (58).

Dado que son sustancias proteicas pueden ser inactivadas por calor.

5.2. Antipiridoxina.

El estatus de vitamina B6 en el cuerpo se ve afectado por varios factores, incluyendo el suministro en la dieta del factor antivitamina B6 (1-amino D-prolina), que está presente en la linaza. Los síntomas producidos por esta deficiencia puede ser compensado por la aplicación de suficiente vitamina B6 (61).

5.3. Antibiotina.

La biotina (vitamina H, vitamina B7 y a veces también llamada vitamina B8), es una vitamina que interviene en el metabolismo de los hidratos de carbono, grasas, aminoácidos y purinas. Es esencial para la síntesis y degradación de grasas y la degradación de ciertos aminoácidos. Esta vitamina es sintetizada en un 50% de los requerimientos nutricionales del organismo por bacterias intestinales (12).

Se conoce que una proteína que tiene la clara de huevo cruda, la avidina, bloquea el paso de la biotina en el intestino, siendo necesario inactivarla por calor para desnaturalizarla. La biotina no se inactiva por el calor (32).

Se ha reportado que el alcohol compite con la biotina por la biotinidasa en el organismo, provocando que las personas alcohólicas padezcan deficiencias de biotina. En la carencia de biotina se observa dermatitis seborreica, conjuntivitis, pérdida de cabello, cejas y pestañas e incluso síntomas neurológicos como depresión, irritabilidad y convulsiones.

La carencia de biotina se ha planteado que puede intervenir en la causa de la esclerosis múltiple progresiva y debido a ello, se ha propuesto un tratamiento con altas dosis para esta enfermedad (83), aunque estas dosis altas pueden inhibir la espermatogénesis en las ratas (82).

5.4. Antivitamina B12.

La antivitamina B12 es un compuesto que contrarresta los efectos fisiológicos de la vitamina B12 y cobalaminas naturales relacionadas, que tiene características estructurales análogas a la vitamina B12. Ella ocasiona síntomas de deficiencias de esta vitamina (42).

5.5. Antivitamina A.

No existen muchas sustancias reportadas que produzcan deficiencias de vitamina A, pero entre ellos están los taninos (5), la lipoxidasa (41) y el citral (86). También se ha planteado que el alcohol es un inhibidor competitivo de la vitamina A (91).

La cantaxantina es un carotenoide perteneciente a la categoría de xantofilas. Originalmente fue aislada de hongos (*Cantharellus cinnabarinus*). También se halla en clorofitas, bacterias (B*radyrhizobium*), crustáceos, y diversos peces; en dosis altas compite con el beta-caroteno para la absorción intestinal e inhibe la conversión de beta-caroteno en vitamina A. Si bien la cantaxantina no es un sustrato para dioxigenasa beta-caroteno, es probable que afecte la actividad de los carotenoides provitamina A, debida a la interacción directa con la enzima (34).

La deficiencia de vitamina A produce retinosis pigmentaria (77) y su deficiencia en los riñones de ratas con cálculos, parece ser uno de los diversos factores que pueden contribuir al desarrollo de urolitos. Por otra parte, el déficit de inhibidores de la cristalización urinaria importantes, puede también estar relacionada con la presencia de bajos niveles de vitamina A renal, que impide la degradación enzimática de tales inhibidores (33).

5.6. Acido ascórbico oxidasa.

Esta enzima inactiva el ácido ascórbico, aunque puede ser desactivada por la temperatura elevada (45).

Está presente en los vegetales pobres en vitamina C, como calabaza, pepino, melón, col, zanahoria, patata, lechuga, tomate, quisantes, plátano y melocotón entre otras (45,74).

La carencia de vitamina C ocasiona efectos adversos como el envejecimiento progresivo, enfermedades periodontales y gástricas (3,4).

5.7. Antivitamina D.

La deficiencia de vitamina D produce crecimiento deficiente, retraso en el crecimiento de los dientes, debilidad, cráneo ablandado en los infantes y deformidades óseas irreversibles. Un exceso de Vitamina K se ha planteado puede inducir deficiencias de esta vitamina (60).

5.8. Antivitamina K.

La antivitamina K natural es la cumarina (94). Se encuentra de forma natural en muchas plantas, especialmente en concentración alta en el Haba de Tonka (*Dipteryx odorata*), grama de olor (*Anthoxanthum odoratum*), asperula olorosa (*Galium odoratum*), gordolobo (*Verbascum spp.),* hierba de búfalo (*Hierochloe odorata*), canela de Cassia (*Cinnamomum aromaticum*), trébol de olor (*Melilotus ssp.)* y *Panicum clandestinum* (8).

Es un cancerígeno específico del pulmón (71).

La actividad reconocida de la cumarina y de sus derivados a través de productos farmacéuticos registrados es, entre otras antitumoral, antiarrítmico, antiinflamatorio, antiséptico, analgésico (alivio del dolor) y contra la hipertensión, la osteoporosis y el VIH. También se usa en tratamientos contra el asma (51) y ha sido empleado contra el linfedema (27).

También una sobredosificación de vitamina D puede producir una deficiencia de vitamina K (60).

6. Antinutrientes polivalentes.

Los antinutrientes polivalentes son aquellas sustancias que provocan la deficiencia de nutrientes, pertenecientes a diferentes grupos de alimentos. Entre ellos se encuentran el ácido fítico, el gosipol, las lectinas y los taninos que describiremos a continuación.

6.1. Acido fítico.

Desde su descubrimiento, el ácido fítico se ha categorizado como un componente antinutricional en los cereales y las legumbres. La investigación se ha centrado tradicionalmente en su estructura única que le da la capacidad de unirse a minerales, proteínas y almidón, y efectos perjudiciales como resultado. Al ácido fítico también se le ha atribuido, la excreción elevada de fósforo por los animales monogástricos y los problemas ambientales derivados de la contaminación de fósforo del agua y el suelo. Aunque todas estas preocupaciones son válidas, el desarrollo de fitasas ha ofrecido soluciones para superar algunos de estos efectos adversos. Con una mayor comprensión de los efectos del ácido fítico, muchos de los efectos adversos pueden ser superados. Además, la investigación más reciente ha propuesto que las mismas propiedades que los etiquetados como ácido fítico antinutriente pueden de hecho, ser responsables de una amplia gama de beneficios. Se han propuesto muchas nuevas áreas para la utilización del ácido fítico incluyendo aplicaciones médicas e industriales (72).

El ácido fítico forma complejos insolubles con calcio, magnesio, hierro, cobre y zinc. Esto provoca que los minerales no sean absorbidos en los intestinos (30). Más de la mitad de la población mundial se ve afectada por la malnutrición de micronutrientes y un tercio de la población mundial sufre de anemia y deficiencia de zinc, especialmente en los países en desarrollo. Deficiencias de hierro y zinc son los principales problemas de salud en todo el mundo. El ácido fítico es la forma principal de almacenamiento de fósforo en los cereales, las legumbres, las semillas oleaginosas y frutos secos. El ácido fítico es conocido como un inhibidor de la comida que quela micronutrientes y evita que estén biodisponible para los animales monogástricos, incluidos los seres humanos, debido a que carecen de la enzima fitasa en su tracto digestivo. Varios métodos han sido desarrollados para reducir el contenido de ácido fítico en los alimentos y mejorar el valor nutricional de los cereales que se convierte en pobre, debido a tales antinutrientes. Estos incluyen la mejora genética, así como varios métodos de pre-tratamiento, tales como la fermentación, remojo, germinación y el tratamiento enzimático de granos con la enzima fitasa. Biofortificación de cultivos básicos utilizando técnicas biotecnológicas modernas, potencialmente puede ayudar en el alivio de la desnutrición en los países, en desarrollo (36).

6.2. Gosipol.

Gosipol es un polifenol aislados de la semilla, raíces y tallo de la planta de algodón (*Gossypium sp.*). La sustancia, un pigmento amarillo similar a los flavonoides, está presente en el aceite de semilla de algodón. En la planta, actúa como un agente natural de defensa contra los depredadores, provocando infertilidad en los insectos. En la mayoría de los animales, gosipol provoca infertilidad, y en el hombre provoca la detención de la espermatogénesis a dosis relativamente bajas. Estudios llevados a cabo en China, África y Brasil han demostrado que la sustancia es bien tolerada, sin causar efectos secundarios que conduzcan a la interrupción. La hipopotasemia informada de los primeros estudios no se ha confirmado en los últimos ensayos. La única preocupación en la actualidad parece ser la falta de reversibilidad en más del 20% de los sujetos. Gosipol se debe prescribir preferentemente a los hombres que han completado sus familias o para aquellos que acepten la infertilidad permanente después de algunos años de uso (21).

Se ha reportado que gosipol inhibió el crecimiento del cáncer de colon en un modelo de xenoinjerto (43). También, fue eficaz como antioxidante exógeno para biocombustibles de ésteres metílicos de ácidos grasos. En particular, los que contienen un porcentaje comparativamente alto de los tocoferoles endógenos, fueron especialmente adecuados para gosipol como aditivo antioxidante (66).

El gosipol es un compuesto polifenólico derivado de la planta de algodón (género *Gossypium,* familia *Malvaceae*). La presencia de seis grupos hidroxilo fenólicos y grupos aldehídicos hace al gosipol químicamente reactivo. El gosipol puede someterse a la formación de base de Schiff, ozonolisis, la oxidación y metilación para formar derivados de gosipol. Esta sustancia y sus derivados han sido el blanco de muchas investigaciones, debido a sus actividades biológicas multifacéticas, incluyendo antifertilidad, antivirus, contra el cáncer, antioxidante, tripanomicida, antimicrobiano, y actividad contra la malaria (90).

6.3. Lectinas (fitohemaglutininas o hemaglutininas).

Las lectinas son proteínas, lipoproteínas o glicoproteínas de alto peso molecular presentes en más de 600 especies de leguminosas. Interactúan con glicoproteínas de membrana, por ejemplo con las de los glóbulos rojos. En este caso causan hemólisis y se les llama fitoaglutininas. La lectina más tóxica es el ricino presente en las semillas de *Ricinus communis* con el cual se produce el aceite de ricino (o aceite de castor). LD50 0,05 mg/kg ip, en el ratón. Las lectinas de *Phaseolus vulgaris*, se conocen como faseolotoxina. Se unen a las células de la mucosa intestinal inhibiendo la absorción de muchos nutrientes. Los efectos tóxicos varían en intensidad, según la lectina e incluyen inflamación de la mucosa intestinal, con destrucción del epitelio y edema, lo que interfiere con la absorción de nutrientes. También se sugiere que la lesión intestinal puede favorecer la proliferación bacteriana, disminuyendo la absorción de nutrientes. Como la inflamación del intestino puede afectar cualquier tipo de nutrientes, su acción no es específica (9).

Debido a que el sistema inmune consiste en una red compleja de células y moléculas que interactúan entre sí para iniciar el sistema de defensa del huésped. Muchas de estas interacciones implican estructuras y proteínas que reconocen específicamente y se unen a ellas, en particular los hidratos de carbono y lectinas específicas. Está bien establecido que las interacciones de hidratos de carbono-lectina juegan un papel importante en el sistema inmune, en que median y regulan varias interacciones que son parte de la respuesta inmune. A pesar de las diferencias obvias entre el sistema inmune en animales y plantas, también hay similitudes sorprendentes. En ambos casos, las lectinas pueden jugar un papel como receptores de reconocimiento de patrones, el reconocimiento de los patógenos y la iniciación de la respuesta al estrés. Aunque las plantas no poseen un sistema inmune adaptativo, son capaces de imprimir una memoria estrés, un mecanismo en el que las lectinas pueden estar involucradas (23). Debido a lo anterior, se ha planteado el uso de lectinas para el control de insectos que atacan a las plantas (56,63,89). También, se ha sugerido el uso específico de las lectinas de plantas como potenciales nuevos fármacos antitumorales (29,50,68,96).

Las lectinas del garbanzo (*Cicer arietinum*) se degradan además por las enzimas proteolíticas digestivas, lo que inactiva su toxicidad. En general las lectinas se degradan con el calor (9).

6.4. Taninos.

Desde el punto de vista de su estructura química se dividen en dos grupos: taninos hidrolizables y taninos condensados. Los taninos son frecuentes en las fuentes vegetales de cereales y legumbres; pero también se encuentran en frutas y bebidas como el café, el té, el cacao y el vino tinto (53,67,101).

Entre los efectos adversos que tienen estos compuestos, se puede señalar que quelan metales como el hierro, el zinc y el cobre, y reducen la absorción de estos nutrientes (30,38). También pueden inactivar la vitamina A (5).

Como efectos beneficiosos se puede señalar que estas sustancias se les ha encontrado propiedades antimicrobianas (25,59), antioxidantes y emulsificantes (28), potencial para controlar la hiperglucemia en la diabetes tipo II (49), efecto anti-inflamatorio en el edema de la oreja inducido por aceite de crotón en ratones (52) y propiedades anticancerígenas (46).

7. Conclusiones.

De lo analizado anteriormente podemos sacar las siguientes conclusiones:

- Las sustancias antinutricionales en los alimentos son: proteasas, amilasas, glucósidos cianogénicos (cianuro), glucosinolatos (mirosinasa – tiocianatos, isotiocianatos, nitrilos), ácido oxálico, antitiamina (tiaminasa II, taninos, ácido cafeico, clorogénico, metilsinapato), antipiridoxina (agaritina, giromitrina), antibiotina (avidina), antivitamina B12, antivitamina A (lipoxidasa, citral, taninos), ácido ascórbico oxidasa, antivitamina D (beta-caroteno), antivitamina K (cumarina), ácido fítico, gosipol (polifenol), lectinas, taninos (polifenoles) hidrolizados y condensados.
- Las sustancias antinutricionales, afectan la utilización de nutrientes por el organismo humano y animal, disminuyendo su valor nutricional, y provocando efectos tóxicos; aunque las plantas se benefician de estos, debido a que lo utilizan como mecanismos de defensa contra las infecciones por bacterias y hongos o ante el ataque de insectos, nematodos, y aves.
- Los estudios analizados demostraron que estas sustancias tienen efectos preventivos o terapéuticos para enfermedades específicas; pudiendo actuar como antiobesidad, antihipertensivo, antidiabético, anticancerígeno, antinflamatorio, analgésico, antiosteoporosis, anti VIH, antimicrobiano y antioxidante.
- Los estudios realizados hasta el presente con las sustancias antinutricionales, han demostrado que estos tienen efectos perjudiciales para la asimilación de los nutrientes o sobre la salud, pero no son dañinos en dosis pequeñas.
- Las sustancias antinutricionales en su mayoría son termolábiles, siendo destruidas por los métodos tradicionales de la preparación de alimentos como la cocción, escaldado y el tostado. Las sustancias antinutricionales termoestables son destruidas o disminuidas por los métodos de germinación, el remojo, la fermentación, la cocción y/o el escaldado, que también

contribuye a un aumento del aprovechamiento de los nutrientes por el organismo humano o animal.

- El estudio de las sustancias antinutricionales, constituye un amplio campo para la investigación científica agronómica, nutricional y terapéutica, como se evidenció en los resultados obtenidos hasta el presente.

8. Referencias.

1. Abbaoui B, Riedl KM, Ralston RA, et al. Inhibition of bladder cancer by broccoli isothiocyanates sulforaphane and erucin: characterization, metabolism, and interconversion. *Mol Nutr Food Res.* Nov 2012;56(11):1675-1687.
2. Adisakwattana S, Jiphimai P, Prutanopajai P, Chanathong B, Sapwarobol S, Ariyapitipan T. Evaluation of alpha-glucosidase, alpha-amylase and protein glycation inhibitory activities of edible plants. *Int J Food Sci Nutr.* May 2010;61(3):295-305.
3. Aditi A, Graham DY. Vitamin C, gastritis, and gastric disease: a historical review and update. *Digestive diseases and sciences.* 2012;57:2504-2515.
4. Alagl AS, Bhat SG. Ascorbic acid: New role of an age-old micronutrient in the management of periodontal disease in older adults. *Geriatrics & gerontology international.* 2015;15:241-254.
5. Ali R, Muzquiz M. ANFs in tropical legume seeds for human nutrition. *Recent Advances of Research in Antinutritional Factors in Legume Seeds and Rapeseed*; 1998: 107-129.
6. Altenbach SB, Vensel WH, Dupont FM. The spectrum of low molecular weight alpha-amylase/protease inhibitor genes expressed in the US bread wheat cultivar Butte 86. *BMC Res Notes.* 2011;4:242.
7. Barbosa AE, Albuquerque EV, Silva MC, et al. Alpha-amylase inhibitor-1 gene from Phaseolus vulgaris expressed in *Coffea arabica* plants inhibits alpha-amylases from the coffee berry borer pest. *BMC Biotechnol.* 2010;10:44.
8. Barnes J, Anderson LA, Phillipson JD. Herbal Medicines. Third Edition. Published by the Pharmaceutical Press. London. 2007. 721 p.
9. Batista KA, Prudencio SH, Fernandes KF. Changes in the functional properties and antinutritional factors of extruded hard-to-cook common beans (*Phaseolus vulgaris*, L.). *J Food Sci.* Apr 2010;75(3):C286-290.
10. Belitz HD, Grosch W. Química de los Alimentos. *2da Edición, Zaragoza Ed Acribia.* 1997.
11. Bones AM, Rossiter JT. The myrosinase-glucosinolate system, its organization and biochemistry. *Physiologia Plantarum.* 1996;97:194-208.

12. Boone-Villa D, Miranda-Cervantes A, Aguilera-Méndez A, Fernandez-Mejia C. Effects of Biotin Supplementation in the Diet on Adipose Tissue cGMP Concentrations, AMPK Activation, Lipolysis, and Serum-Free Fatty Acid Levels. *Journal of Medicinal Food.* 2015;In Press.
13. Borgen BH, Thangstad OP, Ahuja I, Rossiter JT, Bones AM. Removing the mustard oil bomb from seeds: transgenic ablation of myrosin cells in oilseed rape (*Brassica napus*) produces MINELESS seeds. *J Exp Bot.* Jun 2010;61(6):1683-1697.
14. Buonocore V, Silano V. Biochemical, nutritional and toxicological aspects of alpha-amylase inhibitors from plant foods. *Adv Exp Med Biol.*1986;199:483-507.
15. Burns AE, Bradbury JH, Cavagnaro TR, Gleadow RM. Total cyanide content of cassava food products in Australia. *Journal of Food Composition and Analysis.* 2012;25:79-82.
16. Cameàn AM, Reppetto M. Toxicología Alimentaria. *Editores Díaz de Santos, Madrid.* 2006 688p.
17. Chang S-S, Chan Y-L, Wu M-L, et al. Acute Cycas seed poisoning in Taiwan. *Journal of toxicology Clinical toxicology.* 2004;42:49-54.
18. Chikezie PC, Ojiako OA. Cyanide and Aflatoxin Loads of Processed Cassava (Manihot esculenta) Tubers (Garri) in Njaba, Imo State, Nigeria. *Toxicology international.* 2013;20:261-267.
19. Clemente A, Arques MC, Dalmais M, et al. Eliminating anti-nutritional plant food proteins: the case of seed protease inhibitors in pea. *PLoS One.*2015;10(8):e0134634.
20. Clemente A, Sonnante G, Domoney C. Bowman-Birk inhibitors from legumes and human gastrointestinal health: current status and perspectives. *Curr Protein Pept Sci.* Aug 2011;12(5):358-373.
21. Coutinho EM. Gossypol: a contraceptive for men. *Contraception.*2002;65:259-263.
22. Dang L, Van Damme EJM. Toxic proteins in plants. *Phytochemistry.*2015;117:51-64.
23. De Schutter K, Van Damme E. Protein-Carbohydrate Interactions as Part of Plant Defense and Animal Immunity. *Molecules.* 2015;20:9029-9053.

24. Dia VP, Gomez T, Vernaza G, Berhow M, Chang YK, de Mejia EG. Bowman-Birk and Kunitz protease inhibitors among antinutrients and bioactives modified by germination and hydrolysis in Brazilian soybean cultivar BRS 133. *J Agric Food Chem.* Aug 15 2012;60(32):7886-7894.

25. Dusane DH, O'May C, Tufenkji N. Effect of tannic and gallic acids alone or in combination with carbenicillin or tetracycline on Chromobacterium violaceum CV026 growth, motility, and biofilm formation. *Canadian journal of microbiology.* 2015:1-8.

26. Eisler R. Handbook of Chemical Risk Assessment: Health Hazards to Humans,Plants, and Animals. Vol. 2. Organics. Lewis Publishers. Boca Ratón. 2000. 1867 p.

27. Farinola N, Piller N. Pharmacogenomics: Its Role in Re-establishing Coumarin as Treatment for Lymphedema. *Lymphatic Research and Biology.* 2005;3(2):81–86.

28. Figueroa-espinoza MC, Zafimahova A, Maldonado PG, Dubreucq E, Poncet-Legrand C. Grape seed and apple tannins : Emulsifying and antioxidant properties. *Food Chemistry.* 2015;178:38-44.

29. Fu L-L, Zhou C-C, Yao S, Yu J-Y, Liu B, Bao J-K. Plant lectins: Targeting programmed cell death pathways as antitumor agents. *The international journal of biochemistry & cell biology.* 2011;43:1442-1449.

30. Gautam S, Platel K, Srinivasan K. Influence of combinations of promoter and inhibitor on the bioaccessibility of iron and zinc from food grains. *Int J Food Sci Nutr.* Dec 2011;62(8):826-834.

31. Gibson GE, Zhang H. Interactions of oxidative stress with thiamine homeostasis promote neurodegeneration. *Neurochemistry international.*2002;40:493-504.

32. González M, Bagatolli La, Echabe I, et al. Interaction of biotin with streptavidin. Thermostability and conformational changes upon binding. *Journal of Biological Chemistry.* 1997;272:11288-11294.

33. Grases F, Garcia-Gonzalez R, Genestar C, Torres JJ, March JG. Vitamin A and urolithiasis. Clinica chimica acta; international journal of clinical chemistry. 1998;269:147-157.

34. Grolier P, Duszka C, Borel P, Alexandre-Gouabau MC, Azais-Braesco V. In vitro and in vivo inhibition of beta-carotene dioxygenase activity by

canthaxanthin in rat intestine. *Archives of biochemistry and biophysics.*1997;348:233-238.

35. Gupta M, Sharma P, Nath AK. Purification of a novel alpha-amylase inhibitor from local Himalayan bean (Phaseolus vulgaris) seeds with activity towards bruchid pests and human salivary amylase. *J Food Sci Technol.* Jul 2014;51(7):1286-1293.
36. Gupta RK, Gangoliya SS, Singh NK. Reduction of phytic acid and enhancement of bioavailable micronutrients in food grains. *Journal of food science and technology.* 2015;52:676-684.
37. Jhong CH, Riyaphan J, Lin SH, Chia YC, Weng CF. Screening alpha-glucosidase and alpha-amylase inhibitors from natural compounds by molecular docking in silico. *Biofactors.* Jul-Aug 2015;41(4):242-251.
38. Karamać M. Chelation of Cu(II), Zn(II), and Fe(II) by tannin constituents of selected edible nuts. *International Journal of Molecular Sciences.*2009;10:5485-5497.
39. Koeppe SJ, Rupnow JH, Walter CE, Davis AB. Isolation and heat stability of inhibitors in amaranth (Amaranthus hypocondriacus) *J Food Sci.*1985;50(4):1519-1521.
40. Komarnytsky S, Cook A, Raskin I. Potato protease inhibitors inhibit food intake and increase circulating cholecystokinin levels by a trypsin-dependent mechanism. *Int J Obes (Lond).* Feb 2010;35(2):236-243.
41. Korneeva OS, Popova TN, Kapranchikov VS, Motina EA. [Identification of catalytically active groups of wheat (Triticum aestivum L.) germ lipase]. *Prikl Biokhim Mikrobiol.* Jul-Aug 2008;44(4):387-393.
42. Kräutler B. Antivitamins B12 -A Structure- and Reactivity-Based Concept. *Chemistry (Weinheim an der Bergstrasse, Germany).* 2015;21:11280-11287.
43. Lan L, Appelman C, Smith AR, et al. Natural product (−)-gossypol inhibits colon cancer cell growth by targeting RNA-binding protein Musashi-1. *Molecular Oncology.* 2015.
44. Lehner A, Meimoun P, Errakhi R, Madiona K, Barakate M, Bouteau F. Toxic and signalling effects of oxalic acid: Oxalic acid-Natural born killer or natural born protector? *Plant signaling & behavior.* 2008;3:746-748.

45. Leong SY, Oey I. Effect of endogenous ascorbic acid oxidase activity and stability on vitamin C in carrots (*Daucus carota* subsp. *sativus*) during thermal treatment. *Food chemistry.* 2012;134:2075-2085.

46. Li H, Wang Z, Liu Y. [Review in the studies on tannins activity of cancer prevention and anticancer]. *Zhong yao cai = Zhongyaocai = Journal of Chinese medicinal materials.* 2003;26:444-448.

47. Liener IE. Implications of antinutritional components in soybean foods.*Critical reviews in food science and nutrition.* 1994;34:31-67.

48. Lindsjo M. Oxalate metabolism in renal stone disease with special reference to calcium metabolism and intestinal absorption. *Scandinavian journal of urology and nephrology Supplementum.* 1989;119:1-53.

49. Links MR, Taylor J, Kruger MC, Taylor JRN. Sorghum condensed tannins encapsulated in kafirin microparticles as a nutraceutical for inhibition of amylases during digestion to attenuate hyperglycaemia. *Journal of Functional Foods.* 2015;12:55-63.

50. Liu B, Bian HJ, Bao JK. Plant lectins: Potential antineoplastic drugs from bench to clinic. *Cancer Letters.* 2010;287:1-12.

51. Liu H. Extraction and Isolation of compounds from Herbal medicines. Traditional Herbal Medicine Research Methods. Editado por Willow JH Liu, John Wiley and Sons, Inc. 2011.

52. Liu J-B, Ding Y-S, Zhang Y, et al. Anti-inflammatory Hydrolyzable Tannins from Myricaria bracteata. *Journal of natural products.* 2015;78:1015-1025.

53. Low JH, Rahman WAWA, Jamaluddin J. Structural elucidation of tannins of spent coffee grounds by CP-MAS 13C NMR and MALDI-TOF MS. *Industrial Crops and Products.* 2015;69:456-461.

54. Lunagariya NA, Patel NK, Jagtap SC, Bhutani KK. Inhibitors of pancreatic lipase: state of the art and clinical perspectives. *EXCLI J.* 2014;13:897-921.

55. Lu'o'ng KVQ, Nguyên LTH. Thiamine and Parkinson's disease. *Journal of the Neurological Sciences.* 2012;316:1-8.

56. Macedo MLR, Oliveira CFR, Oliveira CT. Insecticidal activity of plant lectins and potential application in crop protection. *Molecules (Basel, Switzerland).* 2015;20:2014-2033.

57. Makkar H. *Antinutritional factors in foods for livestock* : British Society of Annimal Production; 1993.

58. Manzanares W, Hardy G. Thiamine supplementation in the critically ill. *Current Opinion in Clinical Nutrition and Metabolic Care.* 2011;14:610-617.

59. Marín L, Miguélez EM, Villar CJ, Lombó F. Bioavailability of dietary polyphenols and gut microbiota metabolism: antimicrobial properties. *BioMed research international.* 2015;2015:905215.

60. Masterjohn C. Vitamin D toxicity redefined: Vitamin K and the molecular mechanism. *Medical Hypotheses.* 2007;68:1026-1034.

61. Mayengbam S, House JD, Aliani M. Investigation of vitamin B6 inadequacy, induced by exposure to the anti-B6 factor 1-amino D-proline, on plasma lipophilic metabolites of rats: a metabolomics approach. *European journal of nutrition.* 2015 DOI:10.1007/s00394-015-0934-x.

62. Melchini A, Traka MH, Catania S, et al. Antiproliferative activity of the dietary isothiocyanate erucin, a bioactive compound from cruciferous vegetables, on human prostate cancer cells. *Nutr Cancer.* 2013;65(1):132-138.

63. Michiels K, Van Damme EJ, Smagghe G. Plant-insect interactions: What can we learn from plant lectins? *Archives of Insect Biochemistry and Physiology.*2010;73:193-212.

64. Mojica L, de Mejia EG. Characterization and Comparison of Protein and Peptide Profiles and their Biological Activities of Improved Common Bean Cultivars (*Phaseolus vulgaris* L.) from Mexico and Brazil. *Plant Foods Hum Nutr.* Jun 2015;70(2):105-112.

65. Morita A, Yanagisawa O, Maeda S, Takatsu S, Ikka T. Tea plant (*Camellia sinensis* L.) roots secrete oxalic acid and caffeine into medium containing aluminum. *Soil Science and Plant Nutrition.* 2011;57:796-802.

66. Moser BR. Efficacy of gossypol as an antioxidant additive in biodiesel.*Renewable Energy.* 2012;40:65-70.

67. Mustafa AF, Seguin P, Gélinas B. Chemical composition, dietary fibre, tannins and minerals of grain amaranth genotypes. *International journal of food sciences and nutrition.* 2011;62:750-754.

68. Nazaruk J. Phytochemical profile and therapeutic potential of *Viscum album* L . *Natural Product Research.* 2015:37-41.

69. Nkafamiya I, Andema K, Akinterinwa A. Evaluation of CyanogenicGlucoside Contents in Some Edible Nuts and Seeds in Girei, Adamawa State, Nigeria. IOSR Journal of Environmental Science Ver I. 2015;9:2319-2399.

70. Noonan SC. Oxalate content of foods and its effect on humans. *Asia Pacific Journal of Clinical Nutrition.* 1999;8:64-74.

71. NIOSH.Occupational Safety & Health Administration. NIOSH Registry of Toxic Effects of Chemical Substances. 1998.

72. Oatway L, Vasanthan T, Helm JH. Phytic Acid. *Food Reviews International.*2007;17:419-431.

73. Ono Y, Narumi K, Hase S, et al. Manufacture of the plant body with reduced oxalic acid concentration. *Jpn Kokai Tokkyo Koho.* 2014:16pp.

74. Patil DL, Magar NG. Ascorbic acid oxidase in the ripening of bananas. *Current Science 44 1 9-10.* 1975.

75. Piasecka-Kwiatkowska D, Warchalewski JR, Zielinska-Dawidziak M, Michalak M. Digestive enzyme inhibitors from grains as potential components of nutraceuticals. *J Nutr Sci Vitaminol (Tokyo).* 2012;58(3):217-220.

76. Ponnusamy S, Zinjarde S, Bhargava S, Rajamohanan PR, Ravikumar A. Discovering Bisdemethoxycurcumin from Curcuma longa rhizome as a potent small molecule inhibitor of human pancreatic alpha-amylase, a target for type-2 diabetes. *Food Chem.* Dec 15 2012;135(4):2638-2642.

77. Radu Ra, Yuan Q, Hu J, et al. Accelerated accumulation of lipofuscin pigments in the RPE of a mouse model for ABCA4-mediated retinal dystrophies following Vitamin A supplementation. *Investigative ophthalmology & visual science.* 2008;49:3821-3829.

78. Ramesar S, Baijnath H, Govender T, Mackraj I. Angiotensin I-converting enzyme inhibitor activity of nutritive plants in KwaZulu-Natal. *J Med Food.* Jun 2008;11(2):331-336.

79. Rodman JJE, Soltis PSP, Soltis DDE, Sytsma KJK, Karol KKG. Parallel evolution of glucosinolate biosynthesis inferred from congruent nuclear and plastid gene phylogenies. *American Journal of Botany.* 1998;85:997-1006.

80. Rose P, Faulkner K, Williamson G, Mithen R. 7-Methylsulfinylheptyl and 8-methylsulfinyloctyl isothiocyanates from watercress are potent inducers of phase II enzymes. *Carcinogenesis.* Nov 2000;21(11):1983-1988.

81. Rungruangsak K, Tosukhowong P, Panijpan B, Vimokesant SL. Chemical interactions between thiamin and tannic acid. I. Kinetics, oxygen dependence and inhibition by ascorbic acid. *Am J Clin Nutr.* 1977;30:1680-1685.

82. Sawamura H, Ikeda C, Shimada R, Yoshii Y, Watanabe T. Dietary intake of high-dose biotin inhibits spermatogenesis in young rats. *Congenital anomalies.* 2015;55:31-36.

83. Sedel F, Papeix C, Bellanger A, et al. High doses of biotin in chronic progressive multiple sclerosis: a pilot study. *Multiple sclerosis and related disorders.* 2015;4:159-169.

84. Sotelo A, Lucas B, Giral F. Comparative studies of teh alkaloidal composition of 2 mexican Erythrina species and nutritive value of the detoxified seeds. *J Agric Food Chem.* 1993;41:2340-2343.

85. Sriram K, Manzanares W, Joseph K. Thiamine in nutrition therapy. *Nutrition in clinical practice : official publication of the American Society for Parenteral and Enteral Nutrition.* 2012;27:41-50.

86. Tanaka M, Tamura K, Ide H. Citral, an inhibitor of retinoic acid synthesis, modifies chick limb development. *Developmental biology.* 1996;175:239-247.

87. Torres-Castillo JA, Mondragon Jacobo C, Blanco-Labra A. Characterization of a highly stable trypsin-like proteinase inhibitor from the seeds of *Opuntia streptacantha* (O. *streptacantha* Lemaire). *Phytochemistry.* Jul-Aug 2009;70(11-12):1374-1381.

88. Tripathi MK, Mishra AS. Glucosinolates in animal nutrition: A review. *Animal Feed Science and Technology.* 2007;132:1-27.

89. Vandenborre G, Smagghe G, Van Damme EJM. Plant lectins as defense proteins against phytophagous insects. *Phytochemistry.* 2011;72:1538-1550.

90. Wang X, Howell CP, Chen F, Yin J, Jiang Y. Gossypol-A polyphenolic compound from cotton plant. *Advances in Food and Nutrition Research.*2009;58:215-263.

91. Wang XD. Alcohol, vitamin A, and cancer. *Alcohol.* 2005;35:251-258.

92. Weaver CM, Heaney RP, Nickel KP, Packard PI. Calcium bioavailability from high oxalate vegetables: Chinese vegetables, sweet potatoes and rhubarb. Journal of food science. 2006;62:524-525.

93. Whankaew S, Machingura M, Rhanor T, Triwitayakorn K, Ebbs S. Interaction of cyanide uptake by sorghum and wheat with nitrogen supply. Journal of soil science and plant nutrition. 2014;14:332-347.

94. Whitlon DS, Sadowski JA, Suttie JW. Mechanism of coumarin action: significance of vitamin K epoxide reductase inhibition. Biochemistry. 1978;17:1371-1377.

95. Yang Y, Yan H, Li Y, Yang ST, Zhang X. Isothiocyanates from Broccolini seeds induce apoptosis in human colon cancer cells: proteomic and bioinformatic analyses. Pharmazie. May 2011;66(5):382-390.

96. Yau T, Dan X, Ng CCW, Ng TB. Lectins with potential for anti-cancer therapy. Molecules (Basel, Switzerland). 2015;20:3791-3810.

97. Yen G-C, Wei Q-K. Myrosinase activity and total glucosinolate content of cruciferous vegetables, and some properties of cabbage myrosinase in Taiwan. Journal of the Science of Food and Agriculture. 1993;61:471-475.

98. Zelder F, Sonnay M, Prieto L. Antivitamins for Medicinal Applications. Chembiochem : a European journal of chemical biology. 2015;16:1264-1278.

99. Zhang G, Ding H, Chen H, et al. Thiamine nutritional status and depressive symptoms are inversely associated among older Chinese adults. The Journal of nutrition. 2013;143:53-58.

100. Zhang G, Xu Z, Gao Y, Huang X, Zou Y, Yang T. Effects of germination on the nutritional properties, phenolic profiles, and antioxidant activities of buckwheat. J Food Sci. May 2015;80(5):H1111-1119.

101. Zhou HC, Lin YM, Wei SD, Tam NFY. Structural diversity and antioxidant activity of condensed tannins fractionated from mangosteen pericarp. Food Chemistry. 2011;129:1710-1720.